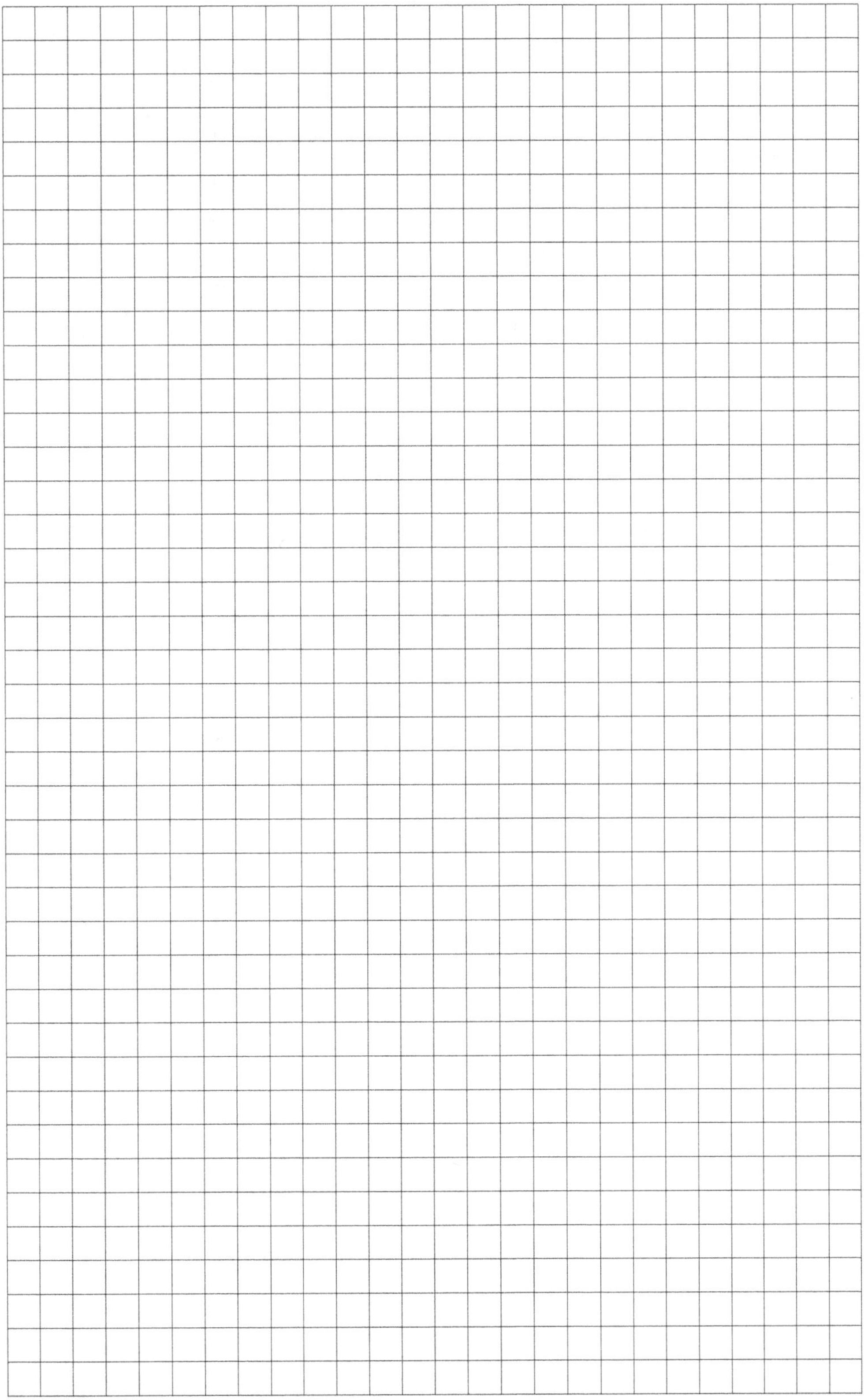

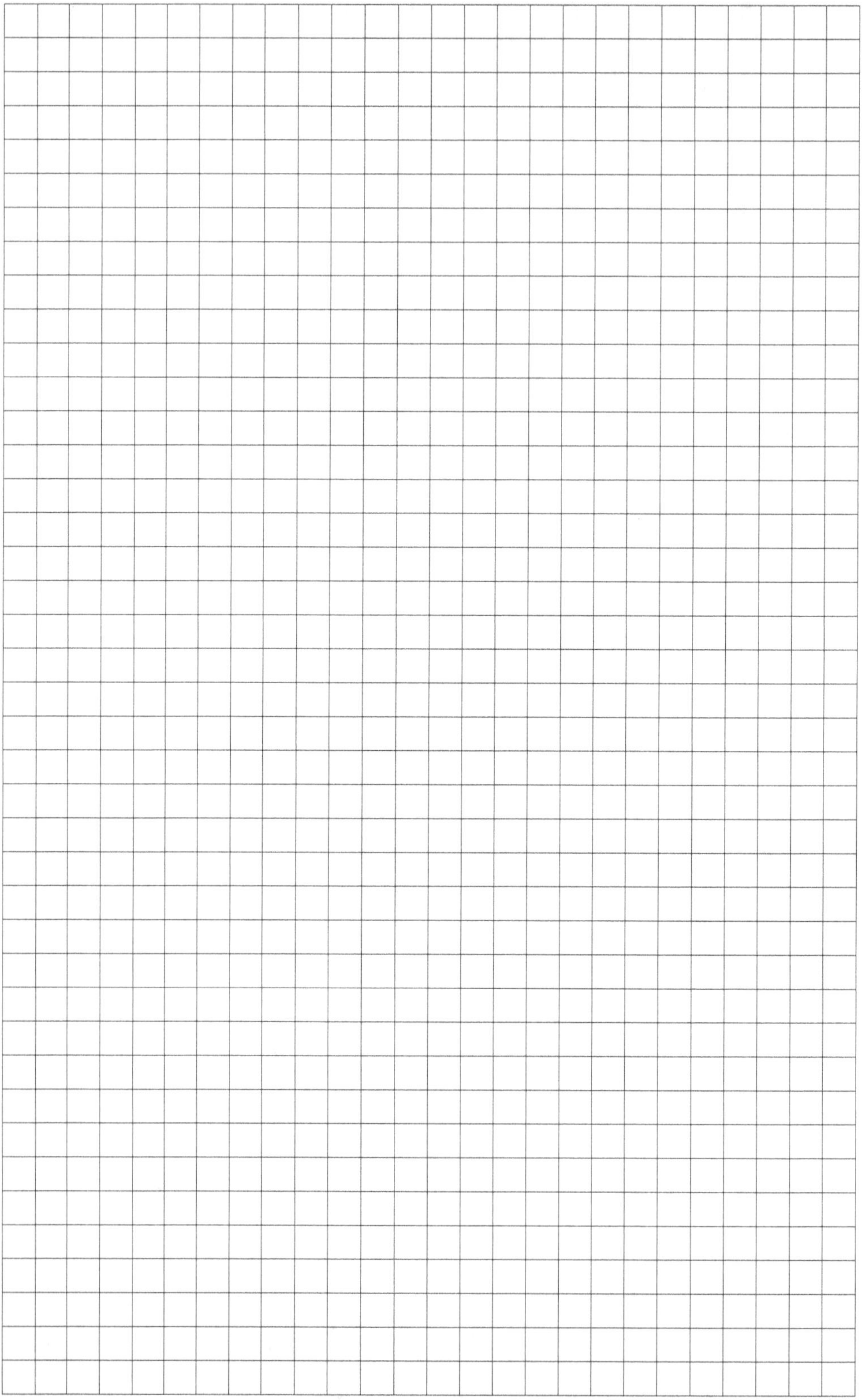

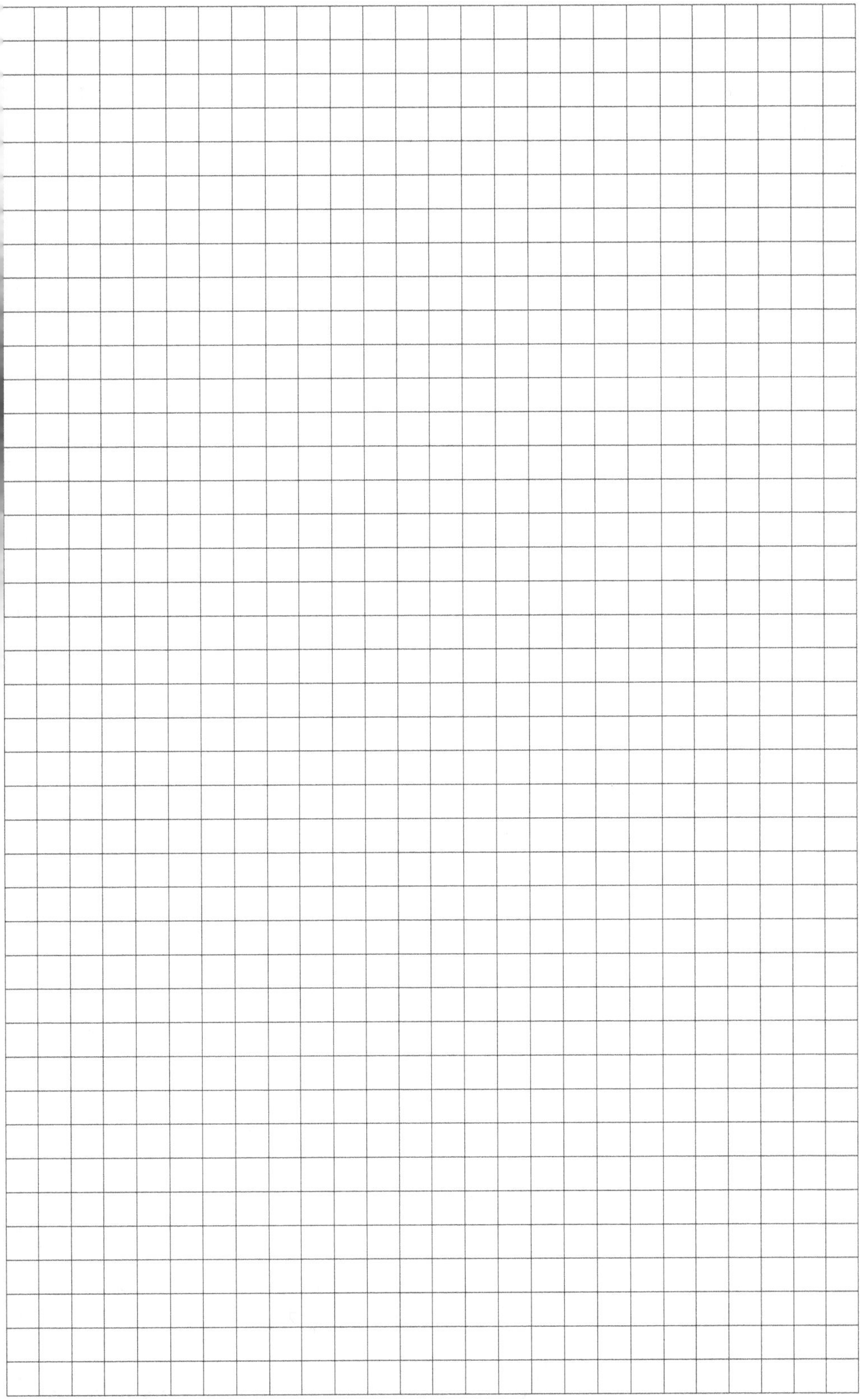

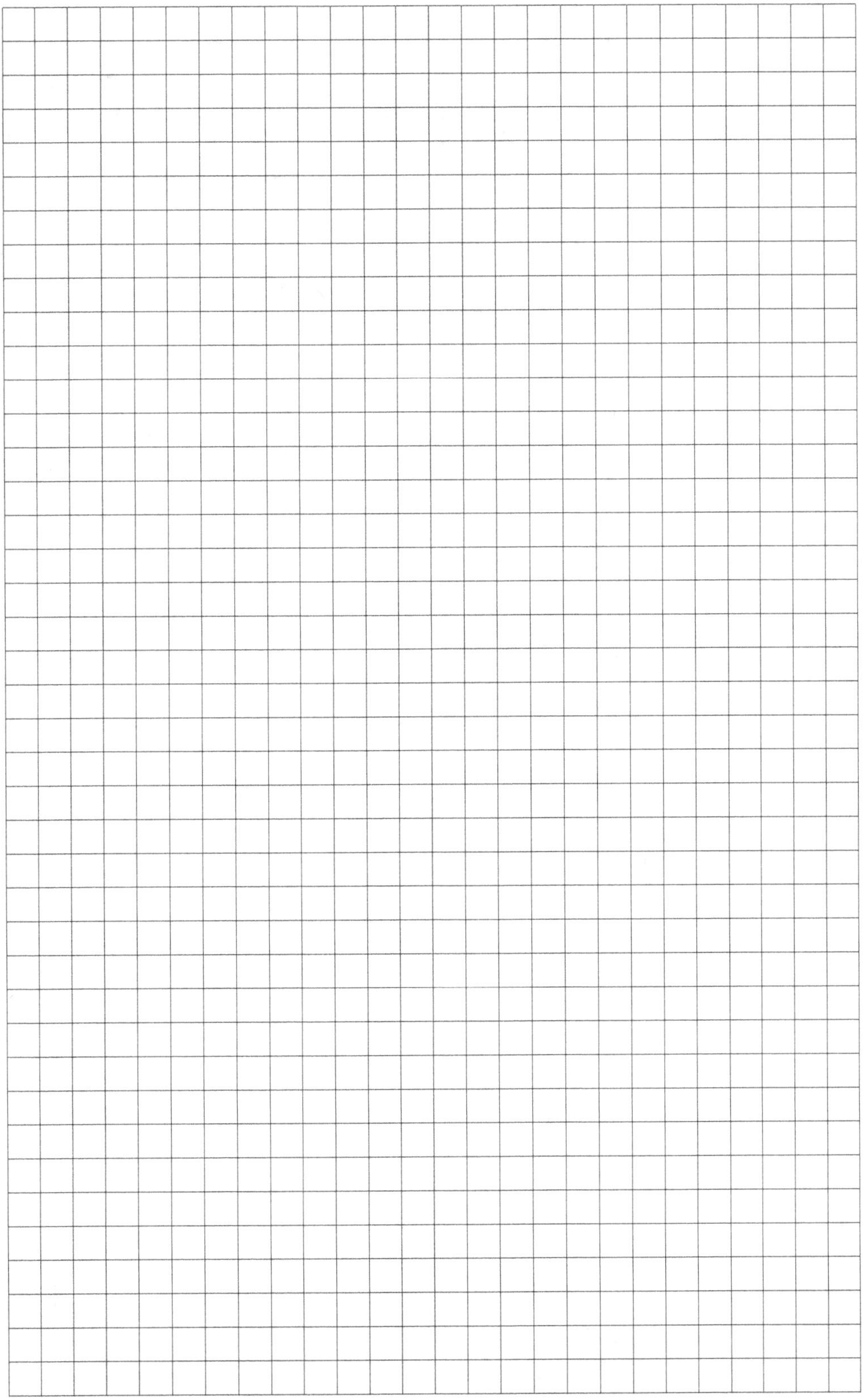

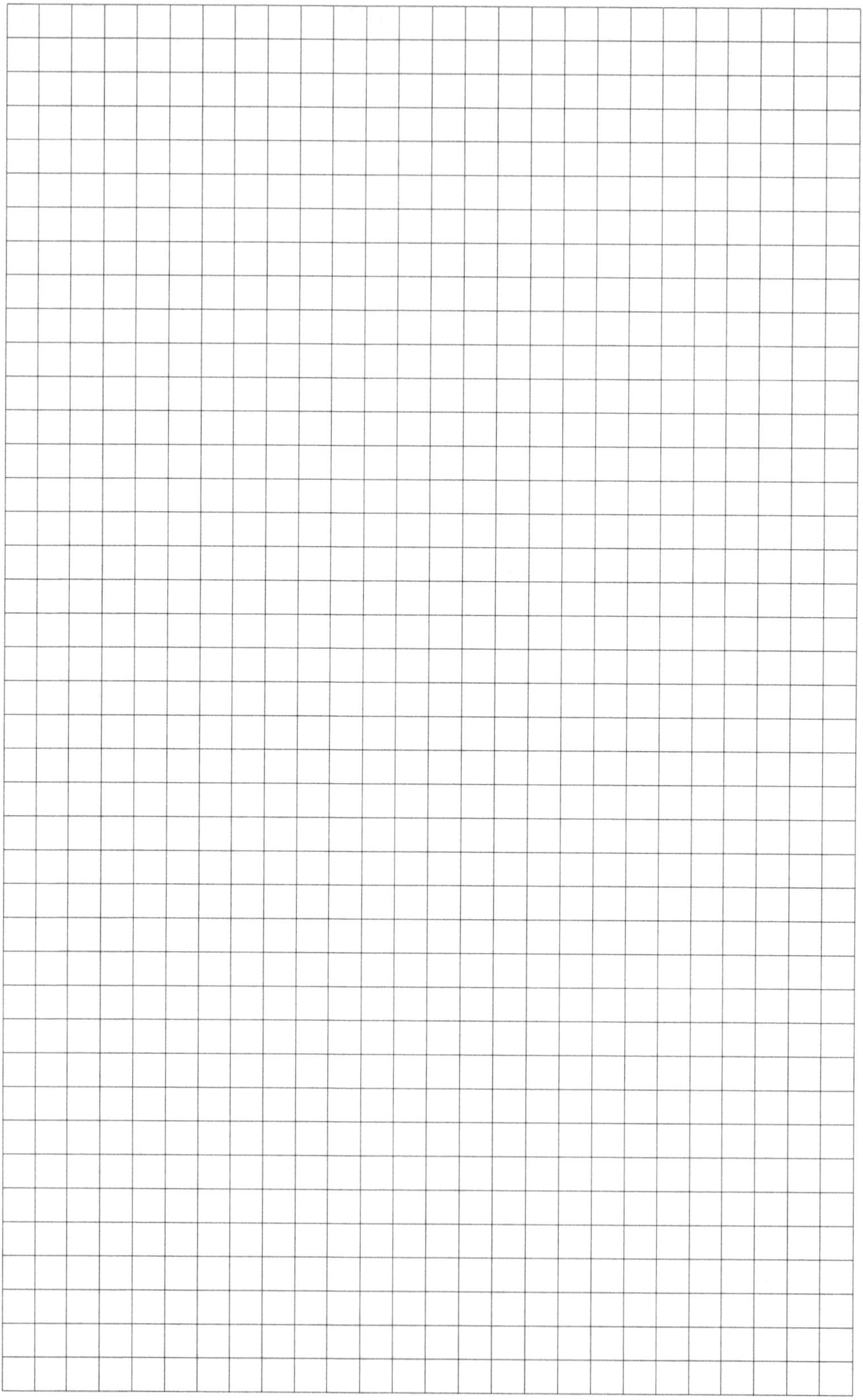

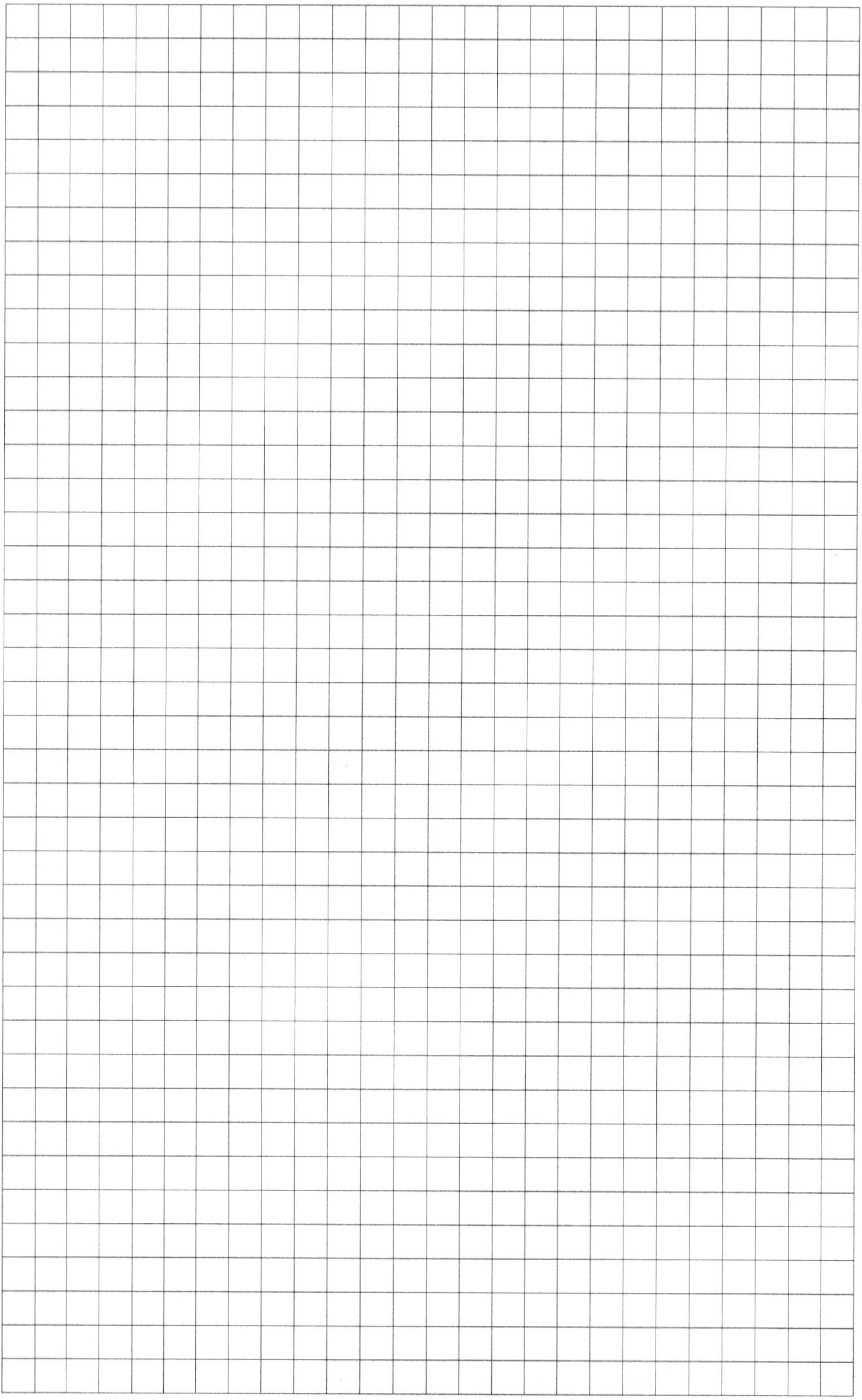

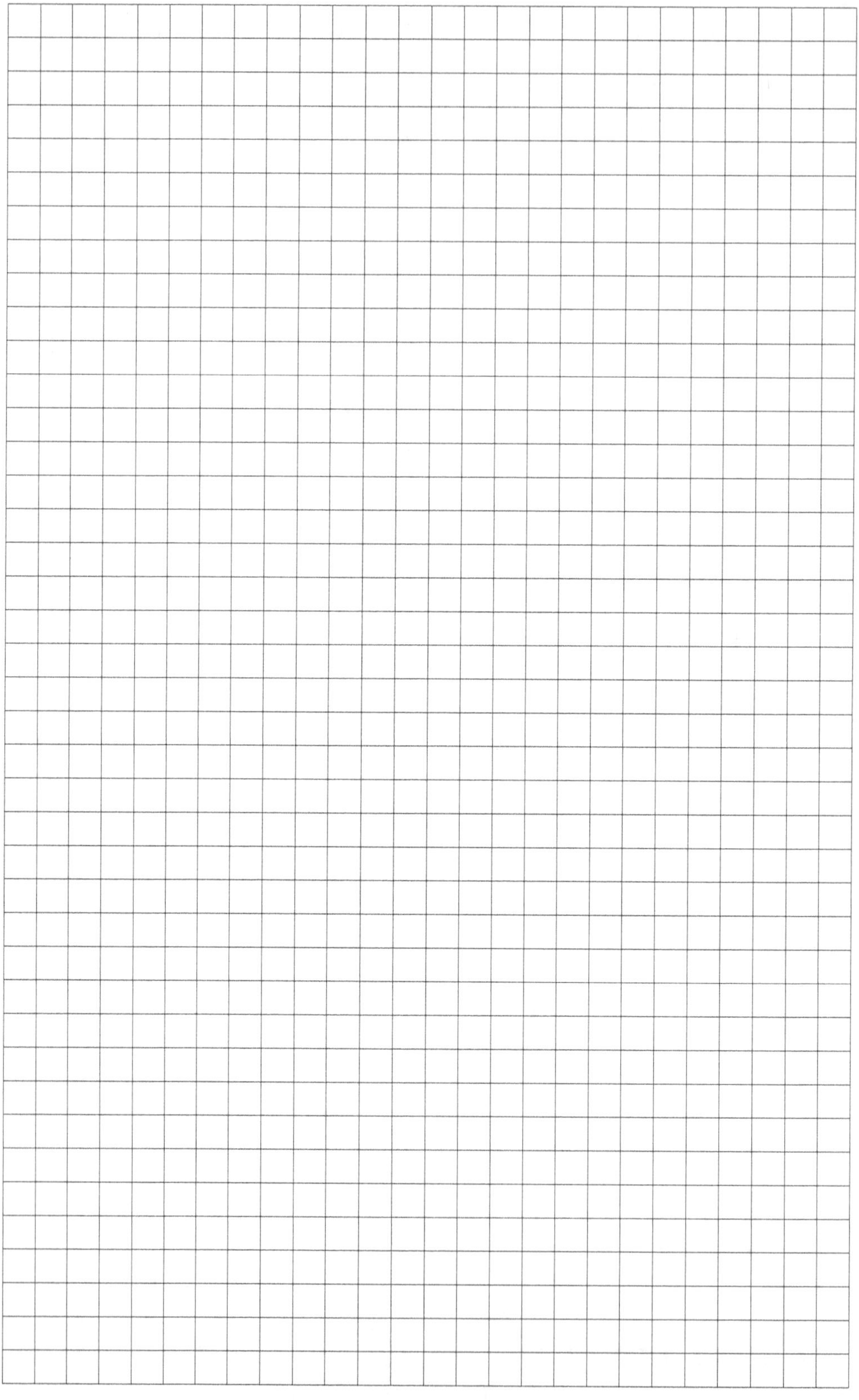

www.ingramcontent.com/pod-product-compliance
Lightning Source LLC
Chambersburg PA
CBHW060855220526
45466CB00003B/1386
* 9 7 8 1 6 6 1 1 5 3 4 5 8 *